技工院校信息类专业工学一体化教材

技工院校计算机程序设计专业教材（中／高级技能层级）

MySQL 数据库应用

习题册

刘　珍／主　编

代　恒／副主编

邹伟民／主　审

中国劳动社会保障出版社

简介

本书为技工院校信息类专业工学一体化教材、技工院校计算机程序设计专业教材（中 / 高级技能层级）《MySQL 数据库应用》的配套用书，本书内容紧扣教材的教学要求，注重基础知识的巩固和基本能力的培养，知识点分布均衡，题型丰富，难易适当，有助于学生复习巩固所学知识。

本书由刘珍担任主编，代恒担任副主编，胡兴铭参与编写，邹伟民担任主审。

图书在版编目（CIP）数据

MySQL 数据库应用习题册 / 刘珍主编 . -- 北京 : 中国劳动社会保障出版社，2025. --（技工院校信息类专业工学一体化教材）（技工院校计算机程序设计专业教材 : 中 / 高级技能层级）. -- ISBN 978-7-5167-6864-8

Ⅰ. TP311.132.3-44

中国国家版本馆 CIP 数据核字第 2025RG7372 号

中国劳动社会保障出版社出版发行

（北京市惠新东街 1 号　邮政编码：100029）

*

北京市鑫霸印务有限公司印刷装订　　新华书店经销

787 毫米 ×1092 毫米　16 开本　5.75 印张　107 千字

2025 年 3 月第 1 版　　2025 年 3 月第 1 次印刷

定价：13.00 元

营销中心电话：400-606-6496

出版社网址：https://www.class.com.cn

https://jg.class.com.cn

目 录

项目一　MySQL 数据库基础知识

任务 1　了解 MySQL 数据库

一、填空题

1. 数据库是指在计算机系统中组织、存储和管理大量相关数据的______。数据库中的数据通常以________的方式组织，以表格（关系）的形式存储。

2. 数据定义语言用于定义数据库的______，包括创建、修改及删除数据库、表格、字段、索引等对象。数据操纵语言用于对数据库中的数据进行增加、______、______和查询等操作。

3. ________________________是数据库管理系统的功能之一，它提供网络接入和数据交换功能，允许用户通过网络远程访问数据库。

4. 数据库中的数据通常以表格的形式存储，每张表格包含多行记录，每行记录由一组______组成，用于描述数据的属性。

5. 数据库通过约束、主键、外键等规则的设定，防止出现______或________的数据。

6. 多个用户可以同时访问 MySQL 数据库，不同用户可以根据______级别访问和操作数据。

二、选择题

1. 下列选项中，不是数据库特点的是（　　）。

A. 数据结构化　　B. 数据共享

C. 数据存储在电子邮件中　　D. 数据具有一致性与完整性

2. 关系型数据库管理系统基于（　　）模型设计。

A. 文件　　B. 面向对象　　C. 关系　　D. 分布式

3. 下列选项中，不是 MySQL 特点的是（　　）。

A. 开源免费　　B. 跨平台支持　　C. 高性能　　D. 无冗余

4. 数据库管理系统中用于创建数据库的语言是（　　）。

A. 数据操纵语言（DML）　　B. 数据定义语言（DDL）

C. 超文本标记语言（HTML） D. 可扩展标记语言（XML）

5. 下列选项中，不属于数据库管理系统功能的是（　　）。

A. 数据定义 B. 数据操纵

C. 数据存储 D. 数据再生

6. 事务在数据库中用于保障数据的（　　）。

A. 一致性和完整性 B. 备份

C. 排序 D. 存储

7. 关系型数据库管理系统的数据组织方式为（　　）。

A. 文件夹和文件 B. 表格

C. 键值对 D. 图形结构

8. 数据库中的权限控制主要用于（　　）。

A. 提高数据库性能 B. 保护数据的安全性和隐私

C. 加速数据备份 D. 优化查询性能

三、判断题

1. 数据库中的索引可以加快数据的插入操作。（　　）
2. 数据库备份的主要目的是提高查询性能。（　　）
3. 数据库的主要作用是存储数据，但也涉及数据的检索和处理。（　　）
4. 数据库的扩展性是指数据库的容量可以根据需要减少。（　　）
5. 数据库中的事务允许一系列操作在中途中断，而不必全部成功执行。（　　）

四、简答题

1. 简述关系型数据库管理系统和非关系型数据库管理系统的主要区别。

2. 简述 MySQL 确保数据安全性的方法。

任务 2 下载与安装 MySQL 社区版

一、填空题

1. 相对于 MySQL 社区版，MySQL 企业版包括一些高级工具和插件，如________和________。

2. 在 Linux 操作系统中，用户可以使用如________和________等软件包管理工具来安装和配置 MySQL。

3. 在安装 MySQL 时，可能需要以________身份运行 MySQL 安装程序或使用特定的权限来安装 MySQL，这是为了解决可能出现的________问题。

4. 在安装 MySQL 之前，用户需要确保没有其他应用程序占用 MySQL 所需的________。解决方法是________与 MySQL 产生冲突的其他软件。

5. 在 Windows 操作系统中，MySQL 通常提供了可执行的________，用户可以通过其来进行 MySQL 的安装和配置。

二、选择题

1. MySQL 社区版主要用于（　　）。

A. 大型企业　　　　　　　　B. 所有类型的项目

C. 高可用性和低延迟的应用场景　　D. 小型和中小型项目

2. MySQL 企业版与 MySQL 社区版相比，其主要优势是（　　）。

A. 数据的水平扩展　　B. 提供高级功能和增强扩展
C. 具有更好的容错性　　D. 低延迟

3. 在 MySQL 安装过程中，选项配置错误可能会导致（　　）。
A. 操作系统崩溃　　B. 硬盘损坏
C. 安装失败　　D. 网络中断

4. MySQL 可兼容的操作系统（　　）。
A. 仅限于 Windows　　B. 仅限于 macOS
C. 仅限于 Linux　　D. 包括 Windows、macOS 和 Linux

5. 若 MySQL 安装文件在下载过程中损坏或下载不完整，应（　　）。
A. 跳过，在安装后处理　　B. 下载修复文件
C. 重新下载安装文件　　D. 重装系统

6. MySQL 集群版适用于处理（　　）的场景。
A. 小规模数据和低并发请求　　B. 中规模数据和低并发请求
C. 小规模数据和中并发请求　　D. 大规模数据和高并发请求

三、判断题

1. MySQL 在 Linux 操作系统的各种发行版本中都具有广泛的兼容性，可以在 Ubuntu 操作系统上安装。（　　）

2. MySQL 集群版提供低可用性和可扩展性，适用于高存储需求的应用场景。（　　）

3. 在高并发访问场景中，MySQL 企业版提供了更好的性能优化功能。（　　）

4. MySQL 提供的磁盘映像文件（.dmg 文件）主要用于在 Linux 操作系统中安装 MySQL。（　　）

5. MySQL 提供的压缩包文件适用于多个操作系统。（　　）

四、简答题

1. 如何保证 MySQL 安装的配置选项正确？

2. 简述 MySQL 能提供用于安装的文件类型。

任务 3 配置 MySQL 环境变量

一、填空题

1. 在配置与 MySQL 相关的环境变量时，需要将 MySQL 的可执行文件路径添加到操作系统的__________中。

2. 环境变量是操作系统中存储的一些__________，可用来访问和使用系统及应用程序特定信息。

3. 在配置环境变量时，需要将 MySQL 应用程序的安装路径添加到系统变量的__________中。

4. 操作系统可以设置两种类型的环境变量：______________和______________。

5. 为了使操作系统能在命令行中找到并执行 MySQL 命令，需要将 MySQL 的________目录添加到 Path 环境变量中。

6. 配置 Path 变量后，可以打开命令提示符窗口，使用命令__________________查看 MySQL 的版本号，以验证安装和配置是否成功。

二、选择题

1. 通过命令行登录 MySQL 的命令是（　　）。

A. mysql –u –proot　B. mysql –root –p　C. mysql –uroot –p　D. mysql –admin –password

2. 在 Path 环境变量中添加 MySQL 数据库的 bin 目录后，操作系统能执行（　　）命令。

A. 文档编辑　B. 网络配置　C. MySQL　D. 文件压缩

3. 在 Windows 操作系统中，对所有用户有效的环境变量是（　　）环境变量 。

A. 用户　B. 系统　C. 会话　D. 全局

4. 能在 Windows 操作系统中打开“系统属性”对话框的操作是（　　）。

A. 打开任务管理器

B. 打开文件资源管理器

C. 在“此电脑”上单击鼠标右键，在弹出的快捷菜单中选择“属性”选项，在弹出的对话框中单击“高级系统设置”选项

D. 在桌面上单击鼠标右键，在弹出的快捷菜单中选择“属性”选项

5. 在用户级别配置 MySQL 的环境变量，应配置（ ）。

A. 用户文件夹中的配置文件　　B. 控制面板中的用户设置

C. 用户登录时的注册表　　D. 用户环境变量列表

三、判断题

1. MySQL 的 Path 环境变量配置仅在管理员权限下有效。（ ）

2. 在 Windows 操作系统中，必须使用命令行来设置 MySQL 的环境变量。（ ）

3. 配置环境变量后，MySQL 命令在任何目录下都可以运行，无须切换到 MySQL 的安装目录。（ ）

4. 如果需要在不同的用户之间隔离 MySQL 的环境变量配置，应使用用户环境变量，而不是系统环境变量。（ ）

5. 在配置 MySQL 环境变量时，MYSQL_HOME 是一个用户可以自定义的变量名，只要保证它的唯一性即可。（ ）

四、简答题

1. 简述 MySQL 可执行文件通常所在的路径。

2. 简述环境变量配置错误会产生的影响。

任务 4　启停与登录 MySQL 服务

一、填空题

1. 在 Windows 操作系统中，可以通过________或使用____________工具来启动 MySQL 服务。

2. 使用命令行方式启动 MySQL 服务的命令是__________________________，停止 MySQL 服务的命令是__________________________。

3. MySQL 服务器是一个用于处理数据存储、查询和管理的________________。

4. 若 MySQL 客户端和服务器在同一台计算机上，可以使用主机名__________或主机 IP 地址__________来连接。

5. MySQL 安装完毕，需启动____________，否则客户端无法连接数据库。

二、选择题

1. 登录 MySQL 服务时应提供的信息是（　　）。

A. 服务器的主机名　　B. MySQL 版本号
C. 用户密码　　D. 电子邮件地址

2. MySQL 服务的默认端口号是（　　）。

A. 8080　　B. 27017　　C. 6379　　D. 3306

3. 使用命令行以用户名 john 登录 MySQL 服务的命令是（　　）。

A. mysql –john –p　　B. mysql –u john –p
C. mysql –p –u –john　　D. login –u john –mysql

4. 在 Windows 操作系统中，打开 Windows 服务的命令是输入（　　）。

A. services.cmd　　B. services.start
C. services.msc　　D. services.run

5. 若客户端和 MySQL 服务器在同一台计算机上，可以省略的参数是（　　）。

A. –p3306 和 –uroot　　B. –hlocalhost 和 –p3306
C. –uroot 和 –p password　　D. –hlocalhost 和 –p password

三、判断题

1. MySQL 服务器负责管理和存储数据的进程，启动 MySQL 服务即启动 MySQL 服务器进程。 (　　)

2. 通过命令行登录 MySQL 时，密码可以直接在命令中指定，也可以在提示符中输入。 (　　)

3. 在登录命令中直接输入用户密码，“-p”与密码之间可以有空格。 (　　)

4. 通过命令行登录 MySQL 时，默认会使用 3306 端口连接 MySQL 服务器。 (　　)

5. 在登录 MySQL 时，如果忘记了密码，可以跳过密码直接登录。 (　　)

四、简答题

1. 简述使用可视化管理工具登录 MySQL 服务的方法。

2. 简述在 Windows 操作系统中通过任务管理器启动 MySQL 服务的方法。

任务 5 使用 MySQL

一、填空题

1. 创建数据库和表时，可以设置字符集和编码。指定使用 UTF-8 字符集的命令为____________________。

2. MySQL 默认的字符集为________。

3. MySQL 的排序规则为根据字符的__________排序。

4. 查看 MySQL 默认字符集的命令是____。

5. 在 MySQL 中，选择适合的字符集和排序规则，可以确保数据在存储和检索时的____________和____________。

二、选择题

1. 查看所有数据库的 MySQL 语句是（　　）。

A. SHOW DATABASES;　　B. DISPLAY DATABASES;

C. LIST DATABASES;　　D. SELECT DATABASES;

2. 创建一个新的数据库的 MySQL 语句是（　　）。

A. CREATE DATABASES database_name;　　B. CREATE NEW database_name;

C. CREATE DATABASE database_name;　　D. MAKE DATABASE database_name;

3. 使用某个数据库的 MySQL 语句是（　　）。

A. SELECT database_name;　　B. ACCESS database_name;

C. ENTER DATABASE database_name;　　D. USE database_name;

4. 创建数据库时，若不指定字符集和排序规则，使用的是（　　）。

A. 系统默认值　　B. UTF-8 编码

C. 自定义字符集　　D. 动态分配字符集

5. 处理多语言应用时，选择适当的字符集是为了避免（　　）。

A. 数据库性能问题　　B. 数据库索引错误

C. 数据乱码或字符转换错误　　D. 数据库连接错误

三、判断题

1. 排序规则定义了字符的比较规则。（　　）

2. MySQL 的命令必须使用英文符号。（　　）

3. 字符集的选择对于多语言和国际化应用程序来说不太重要。（　　）

4. 在设计数据库架构时，字符集的选择可以忽略不考虑，因为默认字符集可以适应所有情况。（　　）

5. MySQL 中的字符集和编码是同一个概念。（　　）

四、简答题

1. 简述避免字符集和排序规则不兼容的方法。

2. 简述确保多语言数据在数据库中存储和检索正确的方法。

任务 6 卸载 MySQL

一、填空题

1. 在 Windows 操作系统中，可以通过______命令打开服务管理器，找到并停止 MySQL 服务。

2. 如果重新安装 MySQL 失败，除了删除残余文件外，还可能需要清理______项。

3. 在 Windows 操作系统中，打开注册表编辑器的命令是______。

4. 在清理环境变量时，需要检查并删除系统变量中的______路径，以防后续 MySQL 安装冲突。

5. 在注册表中，MySQL 的服务项通常位于______目录下。

二、选择题

1. 在卸载 MySQL 之前，需要先（　　）。

A. 备份数据　　B. 删除系统文件

C. 删除注册表　　D. 修改环境变量

2. MySQL 的数据目录（默认情况下）为（　　）。

A. C:\Program Files\MySQL　　B. C:\Program Files (x86)\MySQL

C. C:\Users\MySQLData　　D. C:\ProgramData\MySQL

3. 在 Windows 操作系统中删除 MySQL 的注册表项的方法是（　　）。

A. 使用 services.msc 直接删除

B. 在注册表编辑器中找到 MySQL 的服务项并删除

C. 使用 MySQL Installer 自动删除

D. 修改 MySQL 配置文件

4. MySQL 需要在卸载后手动删除的文件是（　　）。

A. 日志文件、安装文件、配置文件

B. Windows 系统文件

C. 程序包管理器文件

D. 安全证书文件

5. 在卸载 MySQL 时，可行的卸载方式是（　　）。

A. 手动删除所有文件　　B. 使用 MySQL Installer 的卸载程序

C. 通过网络直接卸载　　D. 修改注册表

三、判断题

1. 使用 MySQL Installer 可以选择删除 MySQL 数据目录。（　　）

2. 未停止 MySQL 服务时也可以直接卸载 MySQL，不会对系统造成影响。（　　）

3. 在卸载 MySQL 时，可以通过控制面板的“程序和功能”选项卸载 MySQL。（　　）

4. 在 MySQL Installer 中，单击“Remove”按钮可以完全卸载 MySQL 服务器和数据。（　　）

四、简答题

1. 简述卸载 MySQL 后清理环境变量的原因。

2. 简述卸载 MySQL 后若无法成功重新安装时可能需要执行的清理措施。

任务 7 使用 MySQL 可视化管理工具

一、填空题

1. MySQL Workbench 提供了数据库性能监控、备份与恢复等功能，其中________版是免费的。

2. Navicat 的图形用户界面使得用户不必深入了解________语法，就可以轻松管理数据库。

3. MySQL 可视化管理工具提供了数据库创建、________、__________、数据库性能监控、数据备份和还原等功能。

4. 使用 Navicat 可以进行___________设计。

二、选择题

1. 支持 MySQL、Oracle 和 PostgreSQL 等多种数据库管理系统的数据库管理工具是(　　)。

A. SQLyog　　B. Navicat　　C. phpMyAdmin　　D. Adminer

2. MySQL Workbench 分为（　　）。

A. 企业版和个人版　　B. 开源版和企业版

C. 社区版和商业版　　D. 免费版和付费版

3. Navicat 的主要功能不包括（　　）。

A. 数据备份和恢复　　B. 数据查询

C. 设计图形用户界面　　D. 管理数据库表、索引和视图

4. 开发 SQLyog 使用的编程语言是（　　）。

A. Java　　B. Python　　C. PHP　　D. C++

5. DBeaver 的主要特点之一是（　　）。

A. 仅支持 MySQL 数据库

B. 仅支持非关系型数据库

C. 支持所有流行的数据库，如 MySQL、Oracle、SQL Server 等

D. 仅支持图形数据库

三、判断题

1. Navicat 不支持导入和导出数据功能，只能通过手动 SQL 命令操作数据库。（　　）

2. SQLyog 是由 Oracle 公司开发的用于管理 MySQL 数据库的工具。（　　）

3. MySQL Workbench 是 MySQL 官方提供的可视化管理工具，支持 MySQL 5.0 以上版本。（　　）

4. 使用 Navicat 管理 MySQL 数据库时，无须掌握任何 SQL 语法。（　　）

四、简答题

1. 简述新手使用 Navicat 学习 MySQL 的优势。

2. 简述 Navicat 提供的常见数据库管理功能。

任务 8 在 Linux 操作系统下安装 MySQL 数据库

一、填空题

1. 使用命令______________________________可以查看当前系统中是否已安装 MariaDB。
2. 要安装 wget 工具以便下载 MySQL 的 RPM 包，可以使用命令____________________。
3. 在 CentOS 7 上启动 MySQL 服务的命令是______________________________。
4. 修改 MySQL 初始密码的命令是______________________________。

二、选择题

1. 在 CentOS 7 上安装 MySQL 时，登录 root 用户使用的命令是（　　）。

A. sudo –i　　B. su –　　C. systemctl login　　D. login root

2. 在 CentOS 7 上下载 MySQL 的 RPM 安装包常使用（　　）。

A. curl　　B. yum　　C. wget　　D. rpm

3. 在安装 MySQL 之前，建议先清理系统中的数据库软件（　　）。

A. PostgreSQL 和 SQLite　　B. MariaDB 和 SQLite

C. MariaDB 和旧版本 MySQL　　D. Oracle 和 SQL Server

4. 在 Linux 操作系统上查看 MySQL 服务的状态的命令是（　　）。

A. sudo systemctl status mysqld　　B. sudo mysql ––status

C. sudo service mysql status　　D. sudo select mysql status

5. MySQL 的初始密码可以在（　　）文件中找到。

A. /etc/mysql/my.cnf　　B. /root/.mysql_password

C. /usr/local/mysql/password.log　　D. /var/log/mysqld.log

三、判断题

1. 在 CentOS 7 上成功安装 MySQL 后，无须手动启动 MySQL 服务即可自动启动。(　　)

2. 在 CentOS 7 中，可以通过 SQL 语句 “show databases;” 来查看 MySQL 数据库列表。(　　)

3. 安装 MySQL 成功后，不需要再进行任何安全配置，MySQL 已经处于安全状态。(　　)

4. 安装 MySQL 后，可以直接使用命令 “mysql -u root;” 登录 MySQL，无须修改初始密码。(　　)

四、简答题

1. 简述安装 MySQL 时，yum 源列表缺失会导致的问题及解决方法。

2. 简述在 CentOS 7 系统中确认 MySQL 的 yum 源已经成功添加的方法。

项目二　数据库管理

任务 1　创建与使用数据库

一、填空题

1. 在 SQL 语句中，应避免使用________通配符，且应明确列出需要查询的字段。
2. 使用 SQL 语句创建数据库后，默认的字符集通常是________。
3. 在 SQL 语句中，授予或撤销用户权限的语言类型属于____________________。
4. 在 SQL 语句中，比较运算符（如 > 和 <）用于进行________比较。

二、选择题

1. 在 SQL 语句中，用于定义数据库结构和模式的语言类型是（　　）。

A. DML　　B. DDL

C. 数据查询语言（DQL）　　D. 事务控制语言（TCL）

2. 下列关于运算符优先级的描述中，错误的是（　　）。

A. 括号具有最高优先级

B. 比较运算符优先于逻辑运算符

C. 算术运算符中的加法和减法优先于乘法和除法

D. AND 的优先级高于 OR

3. 修改数据库字符集的 SQL 语句使用的关键字是（　　）。

A. MODIFY　　B. UPDATE　　C. ALTER　　D. CHANGE

4. 下列选项中，（　　）不是 SQL 语句中的数据定义语言（DDL）语句。

A. CREATE　　B. ALTER　　C. DROP　　D. SELECT

5. 在 SQL 查询语句中，关键字一般使用（　　）。

A. 全小写　　B. 全大写　　C. 混合大小写　　D. 驼峰命名法

三、判断题

1. 在 SQL 语句中，SELECT * 语句通常比明确列出所需字段更加高效。 ( )
2. 数据控制语言用于对数据库中的数据进行操作。 ( )
3. 常见的 TCL 语句有 COMMIT 语句、ROLLBACK 语句和 REVOKE 语句。 ( )
4. 在编写 SQL 查询语句时，建议使用参数化查询或转义输入数据。 ( )

四、编程题

1. 编写 SQL 语句，创建数据库 students。

2. 编写 SQL 语句，查看数据库 students 的创建信息。

任务 2 修改与删除数据库

一、填空题

1. 修改数据库使用的关键字是________。
2. 验证删除操作执行成功的 SQL 语句是____________________。
3. 修改数据库字符集为“gbk”会使用到____________SET 'gbk' 语句。

二、判断题

1. 数据库的字符集必须在创建时确认好。 ( )
2. 数据库的修改和删除操作都可以在 Navicat 上进行。 ( )

3. 删除数据库的关键字是 DELETE。 ( )

4. 在 Navicat 中输入对应修改数据库的 SQL 语句，单击“运行”按钮，在“摘要”选项卡中执行结果显示为“OK”，即修改数据库成功。 ( )

三、编程题

1. 编写 SQL 语句，修改数据库“db_study”的字符集为“utf8mb4”。

2. 编写 SQL 语句，删除数据库“db_study”。

项目三　数据表管理

任务1　设计并创建数据表

一、填空题

1. 在 MySQL 中，INT 数据类型使用______字节存储整数数值。

2. MySQL 中用于存储整数类型的字段可以选择 INT、____________、__________和 BIGINT 等数据类型，分别适用于存储不同范围的整数。

3. VARCHAR 是可变长度的字符串数据类型，最大存储长度为________个字符。

4. FLOAT 和 DOUBLE 是浮点数数据类型，其中，FLOAT 是________浮点数数据类型，DOUBLE 是________浮点数数据类型。

5. __________实现了表与表之间的数据一致性。

二、选择题

1. MySQL 中的 INT 数据类型的取值范围为（　　）。

A. –2 147 483 648 到 2 147 483 647（有符号）、0 到 4 294 967 295（无符号）

B. 0 到 255

C. –32 768 到 32 767

D. –128 到 127

2. 下列选项中，适合存储大型的二进制数据的数据类型是（　　）。

A. BLOB　　B. TINYBLOB　　C. VARCHAR　　D. TEXT

3. 用于唯一标识数据表中的每一行数据，并要求该列的值不重复且不能为空的约束是（　　）约束。

A. 外键　　B. 唯一　　C. 主键　　D. 非空

4. 数据类型 VARCHAR(255)（　　）。

A. 为定长字符串　　B. 为可变长度字符串

C. 用于存储浮点数　　D. 只能存储二进制数

5. 下列选项中，用于存储日期（年、月、日）的数据类型是（　　）。

A. TIMESTAMP　　B. VARCHAR　　C. TIME　　D. DATE

三、判断题

1. 相比 DOUBLE 数据类型，FLOAT 数据类型更适用于对精度要求较高的金融计算中。（　　）

2. TIMESTAMP 数据类型的值在插入新数据时会自动更新为当前时间。（　　）

3. 在 MySQL 中，如果不设置主键约束，则可以有多行数据具有相同的值。（　　）

4. 在创建数据表时，每张表只能有一个唯一约束。（　　）

四、简答题

1. 简述 MySQL 中 INT 数据类型与 BIGINT 数据类型之间的主要区别。

2. 简述 MySQL 中 TIMESTAMP 数据类型和 DATETIME 数据类型之间的主要区别。

任务 2 修改数据表

一、填空题

1. 在 Navicat 中，使用________选项，可以进入可视化的表结构设计界面修改表结构。

2. 使用 ALTER 语句修改数据表中的字段时，语法格式如下：ALTER TABLE〈表名〉________________〈字段名〉数据类型 [约束条件]。

3. 在使用 Navicat 修改表时，完成所有操作后，必须单击____________按钮，才能使所有修改生效。

4. 在 Navicat 的表设计界面中可以通过“上移”和“下移”按钮来改变__________。

二、选择题

1. 在 Navicat 中查看数据表结构的 SQL 语句是（　　）。

A. ALTER TABLE;　　B. SHOW TABLES;

C. SHOW CREATE TABLE;　　D. SELECT * FROM;

2. 在 Navicat 中删除数据表的字段的 SQL 语句是（　　）。

A. ALTER TABLE table_name DROP COLUMN column_name;

B. DELETE FROM table_name WHERE column_name = value;

C. ALTER TABLE table_name DELETE column_name;

D. REMOVE COLUMN column_name FROM table_name;

3. 下列选项中，用于在表 tb_account 中添加字段 phone_number，以存储长度不超过 15 个字符的电话号码的 SQL 语句是（　　）。

A. ALTER TABLE tb_account ADD phone_number DATE;

B. ALTER TABLE tb_account ADD phone_number CHAR(10);

C. ALTER TABLE tb_account ADD COLUMN phone_number INTEGER;

D. ALTER TABLE tb_account ADD phone_number VARCHAR(20);

4. 在 Navicat 中出现错误提示时，具体错误信息出现在（　　）选项卡中。

A.“结果”　　B.“信息”　　C.“结构”　　D.“状态”

5. 使用 SQL 语句“ALTER TABLE;”修改数据表字段时，不能（　　）。

A. 修改字段的数据类型　　B. 修改字段的名称

C. 删除数据表　　D. 添加新的字段

三、判断题

1. 修改表是指对已存在的数据库进行结构上的更改，以适应不同的需求或变化。（　　）
2. 在 Navicat 中，可以实现所有对表的修改。（　　）
3. DESCRIBE 语句可以用于验证表是否修改成功。（　　）
4. 在 Navicat 中，利用“设计表”功能无法修改主键。（　　）

四、简答题

1. 简述使用 Navicat 输入 SQL 语句并执行的步骤。

2. 简述在 Navicat 中快速创建一个新的 SQL 语句查询窗口的步骤。

任务 3 删除数据表

一、填空题

1. 要删除表的外键约束，可以使用 SQL 语句“________________”，并在 DROP FOREIGN KEY 子句中指定要删除的外键约束的名称。

2. 一对一关系是指两张表之间的记录是一对一的关系，即一个记录在一张表中只对应________________________________。

3. 在使用SQL语句“DROP TABLE;”删除表时，需要确保该表没有与其他表的________关联，否则需要先解除这些关联。

4. 在Navicat中执行SQL语句“DROP TABLE;”后，可以在“信息”选项卡中查看__________来判断删除是否成功。

二、选择题

1. 主键的作用是（　　）。

A. 保证表中每条记录的唯一性　　B. 引用其他表中的字段

C. 允许多张表的记录相互关联　　D. 只在查询时使用

2. 外键在数据库中的作用是（　　）。

A. 保证每条记录的唯一性　　B. 一对多关系的唯一标识

C. 多对多关系的唯一标识　　D. 建立表与表之间的关联

3. 在多对多关系中，（　　）。

A. 两张表中的记录只能相互对应一个记录

B. 一张表中的记录可以对应另一张表中的多个记录

C. 两张表中的记录可以相互对应多个记录

D. 一张表中的记录不能与另一张表中的记录相关联

4. 在Navicat中查看数据表是否存在的SQL语句是（　　）。

A. DROP TABLE;　　B. SHOW TABLES;

C. DELETE FROM tb_account;　　D. SELECT * FROM tb_account;

5. 删除数据表tb_account的SQL语句是（　　）。

A. DELETE FROM tb_account;

B. DROP TABLE tb_account;

C. ALTER TABLE tb_account DROP COLUMN;

D. REMOVE tb_account;

三、判断题

1. 一对多关系是指一张表中的记录可以对应另一张表中的多个记录。（　　）

2. 在Navicat中，可以通过DROP语句直接删除没有被关联的表。（　　）

3. 使用SHOW语句可以查询数据库中某张表的相关信息。（　　）

4. 在Navicat中执行SQL语句查询后，查询结果会显示在“状态”选项卡中。（　　）

四、简答题

1. 简述主键和外键的区别。

2. 简述在删除数据表之前需要进行数据保护合规性审查的原因。

项目四　数据表记录检索

任务 1　使用关键字进行单表查询

一、填空题

1. 在 SQL 语句中，使用关键字________可以限定输出的查询结果。
2. 在 SQL 语句中，使用关键字__________可以判断某字段是否为空。
3. 在 SQL 语句中，如果想删除查询结果中的重复行，可以使用关键字___________。
4. 在 SQL 语句中，关键字________用于指定多个条件都必须满足时的查询。

二、选择题

1. 用于查询所有字段的符号是（　　）。

A. %　　B. *　　C. _　　D. #

2. 在 MySQL 中，用于指定查询条件的关键字是（　　）。

A. ORDER BY　　B. LIMIT　　C. WHERE　　D. GROUP BY

3. 下列关于运算符 LIKE 的描述中，说法正确的是（　　）。

A. 匹配数字范围　　B. 查找空值

C. 模糊匹配字符串　　D. 查找非空值

4. 下列 SQL 语句中，按成绩（gra_score）降序排列查询的是（　　）。

A. SELECT * FROM tb_grade ORDER BY gra_score ASC;

B. SELECT * FROM tb_grade ORDER BY gra_score DESC;

C. SELECT * FROM tb_grade WHERE gra_score < 90;

D. SELECT * FROM tb_grade WHERE gra_score>90 ORDER BY gra_score;

5. 若要查询成绩表中成绩为 80 或 85 的记录，使用的 SQL 语句是（　　）。

A. SELECT * FROM tb_grade WHERE gra_score = 80 AND gra_score = 85;

B. SELECT * FROM tb_grade WHERE gra_score IN (80, 85);

C. SELECT * FROM tb_grade WHERE gra_score>80 AND gra_score < 85;

D. SELECT * FROM tb_grade WHERE gra_score NOT IN (80, 85);

三、判断题

1. 使用 SELECT 语句时，多个字段名之间应用逗号分隔。 ( )
2. 在 SQL 语句中使用关键字 LIKE 时，符号 "_" 可以匹配任意数量的字符。 ( )
3. SQL 语句中的 WHERE 子句只能包含一个查询条件。 ( )
4. 关键字 BETWEEN AND 查询的范围包含边界值。 ( )
5. 在 SQL 语句中，"!=" 或 "<>" 都表示不等于。 ( )

四、编程题

1. 编写 SQL 语句，查询 tb_course（课程表）中 cou_describe（课程描述）不为空的 cou_name（课程名称）和 cou_describe（课程描述）。

2. 编写 SQL 语句，查询 tb_student（学生表）中按 stu_id（学号）升序排列的第 4 ~ 7 条记录。

五、简答题

1. 简述 SELECT 语句的基本功能及使用场景。

2. 简述在 SQL 语句中使用 WHERE 子句时常见的比较运算符。

任务 2 使用聚合函数进行函数查询

一、填空题

1. 在 MySQL 中，________函数用于返回某个数值的绝对值。

2. 在 MySQL 中，查询当前日期时可以使用________函数，该函数只返回年、月和日。

3. 在 SQL 语句中，关键字________用于限制分组后查询结果的条件筛选，通常与聚合函数一起使用。

4. 如果想过滤查询结果中的 NULL 值，通常会使用________________运算符。

5. 在 SQL 查询语句中，使用________函数可以删掉字符串前后多余的空格。

6. 在 SQL 查询语句中，使用________函数可以返回某个字段的最大值。

二、选择题

1. 在 SQL 中，对一组数据返回一个值的函数是（　　）函数。

A. 单行　　B. 字符串　　C. 聚合　　D. 数值

2. 在 MySQL 中，可以返回大于或等于某个值的最小整数的函数是（　　）。

A. FLOOR(x)　　B. CEIL(x)

C. ROUND(x)　　D. MOD(x, y)

3. 下列 SQL 语句中，可以查询每门课程的平均成绩并取整的是（　　）。

A. SELECT cou_id, CEIL(AVG(gra_score)) FROM tb_grade GROUP BY cou_id;

B. SELECT cou_id, ROUND(AVG(gra_score)) FROM tb_grade GROUP BY cou_id;

C. SELECT cou_id, FLOOR(AVG(gra_score)) FROM tb_grade GROUP BY cou_id ORDER BY cou_id;

D. SELECT cou_id, MOD(AVG(gra_score)) FROM tb_grade GROUP BY cou_id;

4. 用于对查询结果进行分组的关键字是（　　）。

A. ORDER BY　　B. HAVING

C. GROUP BY　　D. WHERE

5. 返回当前系统日期和时间的函数是（　　）。

A. CURDATE()　　B. NOW()

C. CURTIME()　　D. UNIX_TIMESTAMP()

三、判断题

1. 在 SQL 查询语句中，COUNT() 函数只能用于计算非 NULL 值的行数。（　　）

2. ROUND() 函数可以对数值四舍五入，并保留到指定的小数位数。（　　）

3. 可以用 CONCAT() 函数在 MySQL 中拼接多个字符串，生成一个新字符串。（　　）

4. 在 SQL 查询语句中，不使用聚合函数，关键字 GROUP BY 也可以用于分组查询。（　　）

5. SUM() 函数用于返回某个数值字段的总和，但不能用于字符串字段。（　　）

四、编程题

1. 数据表 tb_grade 包含字段 cou_id（课程号）和 gra_score（成绩）。通过编写 SQL 语句，获取每门课程的平均成绩。

2. 数据表 tb_grade 包含字段 cou_id（课程号）和 stu_id（学生号）。通过编写 SQL 语句，获取学习每门课程的学生人数。

五、简答题

1. 简述聚合函数的定义，并列举常用的聚合函数。

2. 简述 ROUND( ) 函数和 FLOOR( ) 函数的区别。

任务 3 多表间进行连接查询

一、填空题

1. 在 SQL 查询语句中，只返回满足连接条件的记录，且排除无关的数据行，通常使用________查询。

2. 在外连接查询中，即使在左表中没有匹配的记录，________JOIN 也允许返回所有右表的记录。

3. 使用关键字 JOIN 指定所需要连接的________。

4. __________查询返回的结果包含了左表和右表中的所有记录，不论是否存在匹配记录。

二、选择题

1. 使用聚合函数 AVG( ) 时，如果希望计算出的平均值为整数，应使用的函数是（　　）。

A. ROUND( )　　B. FLOOR( )　　C. CEIL( )　　D. TRUNCATE( )

2. 使用 LEFT JOIN 查询的结果中，如果左表中有某行在右表中没有匹配，会显示（　　）。

A. 0　　B. 默认值　　C. 空字符串　　D. NULL

3. 表和字段定义别名使用关键字（　　）。

A. LIKE　　B. AS　　C. CONCAT　　D. ADD

4. 在 SQL 查询语句中，如果两张表进行连接查询，指定连接条件的关键字为（　　）。

A. ON　　B. WHERE　　C. AND　　D. OR

三、判断题

1. 在 SQL 语句中，内连接查询的“[INNER]”为可选参数。（　　）
2. 当查询多张表时，JOIN 子句可以只使用一次，而无须单独使用每张新表。（　　）
3. 在 SQL 查询语句中，为表或字段定义别名时必须使用对应的关键字。（　　）
4. 别名可以使名称便捷化，同时可以使输出的字段更加直白。（　　）

四、编程题

1. 数据表 tb_grade 的字段包括 gra_score（成绩）和 stu_id（学生 ID），数据表 tb_student 的字段包括 stu_id（学生 ID）和 cla_id（班级 ID），数据表 tb_class 的字段包括 cla_id（班级 ID）和 dpm_id（系部 ID）。通过编写 SQL 语句，查询计算机系（系部 ID 为“X01”）学生的平均分数，输出为整数。

2. 数据表 tb_grade 的字段包括 gra_score（成绩）和 stu_id（学生 ID），数据表 tb_student 的字段包括 stu_id（学生 ID）和 stu_name（学生姓名）。通过编写 SQL 语句，查询成绩大于 60 的学生姓名。

五、简答题

1. 简述连接查询的作用。

2. 简述内连接查询和外连接查询的区别。

任务 4 使用关键字进行子查询

一、填空题

1. 关键字 EXISTS 后面的子查询返回至少一行时，EXISTS 子句的返回结果为________，否则为________。

2. 子查询可以嵌套在________、________和________语句中，用于复杂查询。

3. 在子查询中，关键字________用于判断外层查询是否满足内层查询结果集中的所有条件。

4. 使用关键字________进行子查询时，内层查询语句仅返回一个数据列，这个数据列里的值将提供给外层查询的语句进行比较操作。

5. 比较运算符包括“=”“!=”“>”“>=”“<”和“<=”，可以在________中使用比较运算符进行结果集的比较。

二、选择题

1. 用于子查询的外部查询，以比较来自内部查询的结果的运算符是（　　）。

A. LIKE　　B. IN　　C. BETWEEN　　D. UNION

2. 子查询中的关键字 EXISTS 用于判断子查询（　　）。

A. 返回的行是否等于 1　　B. 是否返回结果集

C. 返回的结果集是否为空　　D. 返回的列数是否大于 1

3. 下列 SQL 查询语句中，可以找到成绩表（tb_grade）中分数（gra_score）大于 90 的学生信息的是（　　）。

A. SELECT * FROM tb_student WHERE EXISTS(SELECT * FROM tb_grade WHERE gra_score>90);

B. SELECT * FROM tb_student WHERE NOT EXISTS(SELECT * FROM tb_grade WHERE gra_score>90);

C. SELECT * FROM tb_grade WHERE gra_score>90;

D. SELECT * FROM tb_student WHERE gra_score>90;

4. 使用子查询时，关键字 IN 通常要求内层查询返回数据列的个数是（　　）。

A. 任意多个　　B. 2　　C. 3　　D. 1

三、判断题

1. 子查询的格式是固定的。（　　）

2. 在子查询中，使用关键字 EXISTS 的外层查询会在每次迭代时运行内层查询。（　　）

3. 子查询中的外层查询和内层查询可以同时查询多张表，但必须通过共同字段进行连接。（　　）

4. 在子查询中，比较运算符“=”可以用于比较外层查询的字段值和内层查询的单个结果值。（　　）

四、编程题

1. 数据表 tb_student（学生表）包含字段 stu_id（学号）和 stu_name（学生姓名），数据表 tb_grade（成绩表）包含字段 stu_id（学号）和 cou_id（课程号），数据表 tb_course（课程表）包含字段 cou_id（课程号）和 cou_name（课程名称）。通过编写 SQL 语句，使用子查询查询

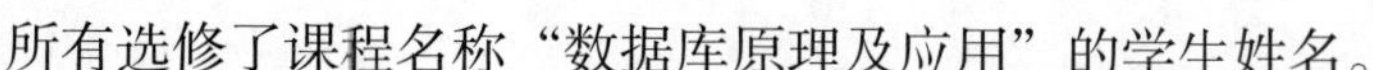

所有选修了课程名称“数据库原理及应用”的学生姓名。

2. 数据表 tb_student（学生表）包含字段 stu_id（学号）和 stu_name（学生姓名），数据表 tb_grade（成绩表）包含字段 stu_id（学号）和 gra_score（成绩）。通过编写 SQL 语句，使用关键字 EXISTS 查询成绩大于 90 的学生姓名。

五、简答题

1. 简述子查询和连接查询的区别。

2. 简述子查询的概念。

任务 5 使用正则表达式进行查询

一、填空题

1. 在正则表达式中，[abc] 表示匹配 a、b、c 中的________字符。
2. 符号 $ 用于匹配文本的______字符。
3. 匹配任意长度的字符，可以使用符号________。
4. 在 MySQL 中查询记录时，可使用________语句来指定检索条件。

二、选择题

1. MySQL 中用来支持正则表达式查询的关键字是（　　）。

A. LIKE　　B. MATCH　　C. REGEXP　　D. SEARCH

2. 下列 SQL 语句中，能查询字段“cla_id”以字母“B”开头的学生记录的是（　　）。

A. SELECT * FROM tb_student WHERE cla_id REGEXP '^B';

B. SELECT * FROM tb_student WHERE cla_id LIKE '%B';

C. SELECT * FROM tb_student WHERE cla_id LIKE 'B%';

D. SELECT * FROM tb_student WHERE cla_id = 'B';

3. 正则表达式通常被用来（　　）。

A. 进行数学运算　　B. 检索或替换那些符合某个模式的文本内容

C. 进行图像处理　　D. 查询数据库结构

4. 下列符号中，用来匹配任何单个字符的是（　　）。

A. *　　B. ^　　C. .　　D. $

5. 匹配前面的字符至少一次或多次，应使用（　　）。

A. ?　　B. $　　C. ^　　D. +

三、判断题

1. 正则表达式 [a-z] 表示匹配任意大写字母。（　　）
2. 在 MySQL 中，LIKE 和 REGEXP 的功能是完全相同的。（　　）
3. 在 MySQL 中，REGEXP '^b' 和 LIKE 'b%' 的查询效果是相同的。（　　）

4. 正则表达式 b.t 可以匹配类似“bat”“bit ”和“but”这样的字符串。 ( )

四、编程题

1. 数据表 tb_course 的字段包括 course_id（课程 ID）和 course_name（课程名）。通过编写 SQL 语句，查询所有 course_name（课程名）中包含字符串“math”的记录。

2. 数据表 tb_student 的字段包括 stu_id（学生 ID）、stu_name（学生姓名）和 cla_id（班级号）。通过编写 SQL 语句，查询所有 stu_name（学生姓名）中包含字符串“an”且以字母“M”开头的学生记录。

五、简答题

1. 简述正则表达式 ba{2,4} 的含义。

2. 简述正则表达式中 [a–z] 和 [^a–z] 的区别。

项目五　数据表数据的插入、更改与删除

任务 1　向数据表中插入数据

一、填空题

1. 在执行插入数据操作时，如果未为某个字段提供值，则该字段会使用________值（如果已定义）。

2. 在使用 INSERT INTO...VALUES 语句时，如果不指定表中的字段，VALUES 子句后面的值必须按照表中字段的________来匹配。

3. 在 MySQL 中，使用 INSERT INTO 语句可以通过两种方式插入数据，一种是插入表中的________字段，另一种是插入表中的________字段。

4. 使用 INSERT INTO...VALUES 语句时，字段的值必须与表中的字段__________相匹配，否则插入操作会失败。

二、选择题

1. INSERT INTO 语句的语法中可选的关键字为（　　）。

A. SELECT　　B. INTO　　C. VALUES　　D. SET

2. 以下关于 INSERT INTO 语句的说法中，正确的是（　　）。

A. 字段顺序必须与表中字段顺序一致　　B. 必须包含所有字段的值

C. 可以只插入部分字段的值　　D. 不需要考虑数据类型匹配

3. 下列语句中，可以将另一张表的数据插入目标表中的是（　　）。

A. INSERT INTO...SELECT　　B. INSERT INTO...VALUES

C. INSERT INTO...UPDATE　　D. INSERT INTO...SET

4. 在 INSERT INTO...VALUES 语句中，通常需要用引号括起来的数据类型是（　　）。

A. INT　　B. DECIMAL　　C. VARCHAR　　D. FLOAT

5. 在使用 INSERT INTO...SET 语句时，下列描述正确的是（　　）。

A. 可以一次插入多条记录　　B. 每个字段的值需使用 = 赋值

C. 不需要指定字段　　　　　　　　　　D. 只能用于插入所有字段的值

三、判断题

1. 使用 INSERT INTO...VALUES 语句时，可以一次插入多条记录，每条记录之间使用逗号分隔。（　　）

2. 使用 INSERT INTO...SELECT 语句时，目标表和查询结果的字段数不必一致。（　　）

3. 在可视化管理工具 Navicat 中执行 INSERT INTO 语句插入数据后，可以直接看到插入数据的行数。（　　）

4. 使用 INSERT INTO...SELECT 语句时，可以从多张表中选择数据并插入目标表中。（　　）

四、编程题

1. 编写 SQL 语句，向表 tb_teacher 中插入多名教师的信息，字段包含 teacher_id（教师 ID）、teacher_name（教师姓名）、teacher_subject（教师所属学科），插入的数据为 ('T001', '李老师', '计算机')、('T002', '王老师', '数学')。

2. 编写 SQL 语句，使用 INSERT INTO...SET 语句向表 tb_teacher 中插入一条教师信息，字段 teacher_id（教师 ID）为 'T003'，teacher_name（教师姓名）为 '张老师'，teacher_subject（教师所属学科）为 '物理'。

五、简答题

1. 简述在 Navicat 中插入数据时检查插入操作是否成功的方法。

2. 简述使用 INSERT INTO...VALUES 语句时推荐使用完整字段的插入方式的原因。

任务 2 更改数据表数据

一、填空题

1. 更新多个字段时，每个“字段 - 值”对之间使用________分隔。
2. 执行 UPDATE 语句后，受影响的行数会显示在________选项卡中。
3. 使用 UPDATE 语句更新表中的记录时，必须指定要更新的表和要修改的________。
4. 执行查询后，Navicat 中显示的受影响的行数会以________________行显示。

二、选择题

1. MySQL 更新表中的记录使用（ ）。

A. SELECT　　B. DELETE　　C. UPDATE　　D. INSERT

2. 在 UPDATE 语句中不使用 WHERE 子句的效果是（ ）。

A. 不会更新任何记录　　B. 只更新第一行记录

C. 所有记录都会被更新　　D. 语法错误

3. 下列选项中，正确的 UPDATE 语法格式是（ ）。

A. UPDATE table_name WHERE condition SET column_name = value;

B. UPDATE table_name SET column_name = value WHERE (condition);

C. SELECT table_name SET column_name = value WHERE (condition);

D. DELETE FROM table_name WHERE condition SET column_name = value;

4. 在 UPDATE 语句中，空和空值是（ ）。

A. 完全相同的　　B. 没有关系的

C. 相似的概念　　D. 完全不同的概念

5. 要重新查询课程表 tb_course，使用的 SQL 语句应为（　　）。

A. SELECT * FROM tb_course;
B. INSERT * FROM tb_course;
C. UPDATE tb_course;
D. DELETE * FROM tb_course;

三、判断题

1. 在 Navicat 中，执行 SQL 语句前必须选择数据库并创建新查询。（　　）

2. 在 UPDATE 语句中，WHERE 子句用于指定要更新的特定条件。（　　）

3. 要在 Navicat 中执行 SQL 语句，需先在查询页面输入 SQL 语句，然后单击“运行”按钮。（　　）

4. UPDATE 语句中的 SET 子句用来指定需要更新的表。（　　）

四、编程题

1. 表 tb_student 中包含如下字段：stu_id（学生 ID）、stu_name（学生姓名）、stu_age（学生年龄）、stu_class（学生班级）。编写 SQL 语句，更新表 tb_student 中字段 stu_name 为“张三”的学生记录，将字段 stu_age 更新为 21。

2. 编写 SQL 语句，在表 tb_student 中查询所有学生的姓名和年龄。

任务 3 删除数据表数据

一、填空题

1. 在性能上，执行速度最快的删除操作是________语句。

2. DELETE 语句每删除一行，都会在__________中添加一行记录，而 TRUNCATE TABLE

不会。

3. 对于涉及索引和视图的表，不能使用________________语句来删除数据，必须使用DELETE语句。

4. DELETE的自增列的计数器不会______，已使用的值不会重新使用。

二、选择题

1. DELETE语句和SELECT语句的相似之处是（　　）。

A. 能修改表结构　　B. 能修改表中的数据

C. 可以通过WHERE子句筛选记录　　D. 可以通过JOIN操作连接多张表

2. 使用DELETE语句时，必须包含的部分是（　　）。

A. FROM关键字　　B. WHERE子句

C. SET关键字　　D. LIMIT子句

3. 如果要删除课程表（course）中字段cou_name为“MySQL”的记录，下列SQL语句正确的是（　　）。

A. DELETE * FROM course WHERE cou_name = 'MySQL';

B. DELETE FROM course WHERE cou_name = 'MySQL';

C. DELETE * FROM course;

D. DELETE FROM course;

4. TRUNCATE TABLE语句的作用是（　　）。

A. 删除表中的部分数据　　B. 仅删除表中的索引

C. 删除表中的部分数据并保留索引　　D. 删除表中的所有行并释放存储空间

5. 在删除记录时不会减少表或索引占用的空间的SQL语句使用的关键字是（　　）。

A. DROP　　B. ALTER　　C. TRUNCATE　　D. DELETE

6. 当表中数据被TRUNCATE TABLE语句删除后，表中的AUTO_INCREMENT计数器会（　　）。

A. 保持原值　　B. 重置为初始值

C. 递增　　D. 设置为NULL

三、判断题

1. TRUNCATE TABLE语句会将表中的所有记录删除，并且无法通过回滚恢复。（　　）

2. TRUNCATE TABLE 语句的执行速度比 DELETE 语句快，因为它不会逐行删除数据。（　　）

3. DROP 语句会删除表的所有数据，并释放表和索引占用的空间。（　　）

4. 使用 TRUNCATE TABLE 语句删除数据比使用 DELETE 语句占用更多系统资源。（　　）

四、编程题

1. 现有数据表 tb_course，包含字段 course_id（课程 ID）、course_name（课程名称）和 course_duration（课程时长）。编写 SQL 语句，使用 TRUNCATE TABLE 语句在课程管理系统中清空表 tb_course 中的所有课程数据，同时重置 AUTO_INCREMENT 计数器。

2. 现有数据表 tb_order，包含字段 order_id（订单 ID）、order_price（订单价格）和 order_date（订单日期）。编写 SQL 语句，使用 DELETE 语句在订单管理系统中删除表 tb_order 中所有价格大于 1 000 元的订单。

五、简答题

1. 简述 DELETE、TRUNCATE TABLE 和 DROP 语句三者的区别。

2. 简述 DELETE 和 TRUNCATE TABLE 语句的事务日志处理的区别。

项目六　视图与索引

任务 1　创建视图

一、填空题

1. 使用视图可以限制________对数据的访问，为数据提供额外的________。

2. 创建视图后，可以使用________语句从视图中查询数据。

3. 在 MySQL 中，视图不仅可以简化查询操作，还能通过________真实表结构的变化来提供________数据独立性。

4. 视图的作用之一是简化复杂查询，它可以通过 SELECT 语句来生成________的数据。

二、选择题

1. 视图在数据库中的作用之一是（　　）。

A. 优化数据冗余　　B. 简化用户对数据的理解

C. 处理存储资源　　D. 删除无用数据

2. 用于创建视图的语句是（　　）。

A. CREATE TABLE　　B. CREATE FUNCTION

C. CREATE VIEW　　D. CREATE PROCEDURE

3. 下列选项中，关于视图的描述正确的是（　　）。

A. 视图是物理表，存储实际数据　　B. 视图是虚拟表，不存储数据

C. 视图必须与单张表关联　　D. 视图不支持使用 SELECT 语句

4. 视图的一个主要优点是能提高数据库的安全性，下列描述正确的是（　　）。

A. 视图可以直接修改表中的所有列

B. 通过视图操作表总是比直接操作表更为便捷

C. 视图必须与多张表关联才能发挥作用

D. 视图可以限制用户只能访问表中的部分数据

5. 在 MySQL 中，在（　　）时生成视图中的数据。

A. 视图创建　　B. 数据库初始化　　C. 视图查询　　D. 数据插入

三、判断题

1. 视图的行和列数据来自定义视图时所引用的数据表，并在引用视图时动态生成数据。（　　）
2. 视图的创建不会增加数据的存储负担。（　　）
3. 在 MySQL 中，视图不能与多张表关联，必须基于单张表创建。（　　）
4. 在视图的创建过程中，使用的 WHERE 子句可以帮助过滤特定的数据。（　　）

四、编程题

1. 编写 SQL 语句，创建一个名为 s_count 的视图，要求统计数媒 111 班的学生人数，涉及的数据表 tb_student 包含如下字段：stu_id（学生编号，整型）、stu_name（学生姓名，字符串型）、stu_class（班级名称，字符串型）。

2. 编写 SQL 语句，创建一个名为 class_grade_view 的视图，要求显示所有学生的姓名、班级和总成绩，涉及如下两张表：tb_student（字段为 stu_id、stu_name、stu_class）和 tb_grade（字段为 stu_id、grade）。字段 stu_id 用于关联两张表。

任务 2 修改和删除已创建的视图

一、填空题

1. 使用________语句可以在视图中删除数据，同时可以添加 WHERE 子句来指定删除条件。

2. 使用______________________________语句可以查看视图的存储引擎、创建时间等信息。

3. 使用______________________________语句既能创造视图，也能修改视图。

4. 使用________语句可以从视图中查询数据，并根据需要对结果进行过滤。

二、选择题

1. 查看视图的字段定义及数据类型的 SQL 语句是（　　）。

A. SHOW CREATE VIEW;　　B. DESCRIBE;

C. SELECT FROM view;　　D. SHOW TABLE STATUS;

2. 删除视图的 SQL 语句是（　　）。

A. DROP VIEW;　　B. DELETE VIEW;

C. REMOVE VIEW;　　D. ALTER VIEW;

3. 查看视图创建的 SQL 语句是（　　）。

A. SHOW CREATE VIEW;

B. SELECT * FROM information_schema.views;

C. DESCRIBE VIEW;

D. ALTER VIEW;

4. 当视图的基本表发生变化时，可以保持视图和基本表的一致性的 SQL 语句是（　　）。

A. CREATE VIEW;　　B. ALTER VIEW;

C. CREATE OR REPLACE VIEW;　　D. DELETE VIEW;

5. 当视图不再使用时，应删除视图的原因是（　　）。

A. 优化查询性能　　B. 视图无法进行数据操作

C. 防止视图与基本表冲突　　D. 视图会占用大量的数据库存储空间

三、判断题

1. 视图是一张独立存储的数据表，所有视图中的数据都会永久存储在数据库中。（　　）

2. 可以一次删除多个视图。删除多个视图时，视图名称之间用逗号分隔。（　　）

3. 视图中不能插入数据，必须通过基本表直接插入。（　　）

4. 在 Navicat 中，视图的查询可以通过编写 SQL 语句或使用可视化管理工具来执行。（　　）

四、编程题

1. 在数据库 schoolsys 中有两张表 tb_student 和 tb_grade，表 tb_student 包含字段 stu_id（学生 ID）和 stu_name（学生姓名），表 tb_grade 包含字段 stu_id（学生 ID）和 gra_score（学生成绩）。通过编写 SQL 语句，创建一个名为 s_count 的视图，该视图用于展示每名学生的姓名和成绩。

2. 编写 SQL 语句，修改上一题中创建的视图 s_count，将字段 stu_id（学生 ID）添加到视图中。

任务 3　创建和删除索引

一、填空题

1. 索引是一个单独存储在________上的数据库结构，包含着对数据表里所有记录的引用指针。

2. 创建唯一索引的主要目的是减少查询________操作的执行时间，这对比较庞大的数据表来说更加重要。

3. 查看表中已经创建的索引可以使用________________语句。

4. __________专为文本搜索设计，主要用于处理________字段中的关键词搜索。

二、选择题

1. 索引的主要作用是（　　）。

A. 减小数据表的大小　　B. 提高数据库的安全性

C. 提高查询操作的效率　　D. 增加数据库的冗余

2. MYISAM 存储引擎支持（　　）索引。

A. 普通　　B. 唯一　　C. 组合　　D. 全文

3. 下列选项中，关于组合索引的描述正确的是（　　）。

A. 组合索引的所有字段可以独立使用索引

B. 组合索引只作用于第一个字段

C. 组合索引能显著提高查询效率

D. 组合索引的字段数量不受限制

4. 在已存在的表上创建索引，使用的 SQL 语句是（　　）。

A. ALTER INDEX;　　B. DROP INDEX;

C. ALTER TABLE;　　D. SHOW INDEX;

三、判断题

1. 在 MySQL 中，所有列类型都可以被索引。　（　　）

2. 普通索引没有唯一性限制，主要用于提高数据查询的效率。　（　　）

3. 单列索引只能在表中的某一个字段上创建，一张表可以创建多个单列索引。 （ ）

4. 可以删除具有 AUTO_INCREMENT 约束的字段的唯一索引。 （ ）

四、编程题

1. 编写 SQL 语句，创建一个名为 students 的表，包含字段 student_id（学生 ID，整型，主键）、student_name（学生姓名，字符串型，最多 100 个字符），并在字段 student_id 上创建唯一索引。

2. 编写 SQL 语句，在一张已经存在的表 employees 中添加一个字段 employee_email（员工电子邮箱，字符串型，最多 200 个字符），并为该字段创建唯一索引。

五、简答题

1. 简述使用组合索引的方法。

2. 简述空间索引的概念及其主要应用的字段类型。

项目七　存储过程与存储函数

任务 1　创建和调用存储过程

一、填空题

1. 存储过程中可以使用____________语句来修改结束符。

2. 存储过程的定义需要以关键字________来结束整个过程。

3. 使用关键字________可以打开已声明的游标，逐行处理查询结果。

4. 每次执行 FETCH 语句后，游标指针会________一行，以获取查询结果中的下一条记录。

二、选择题

1. 存储过程（　　）。

A. 是一组为了完成特定功能的 SQL 语句集

B. 仅用于批处理

C. 只能用于简单查询

D. 只能用来提高查询速度

2. 在 MySQL 中，创建存储过程使用的 SQL 语句是（　　）。

A. CREATE FUNCTION;　　B. CREATE VIEW;

C. CREATE PROCEDURE;　　D. CREATE TABLE;

3. 在 MySQL 中，存储过程的默认结束符是（　　）。

A. //　　B. ;　　C. .　　D. :

4. 调用存储过程的 SQL 语句是（　　）。

A. EXECUTE PROCEDURE;　　B. RUN PROCEDURE;

C. CALL;　　D. SELECT PROCEDURE;

5. 游标只能用于（　　）。

A. SELECT 查询　　B. 存储过程或存储函数

C. 视图　　D. 表

三、判断题

1. 存储过程必须有输入参数。　　　　　　　　　　　　　　　　　　　　　　（　　）

2. CALL 语句用于调用存储过程，如果存储过程没有参数，则调用时也不需要传递参数。
（　　）

3. 使用 CLOSE 语句可以关闭游标，如果未关闭游标，则游标会在声明的复合语句中自动关闭。　　　　　　　　　　　　　　　　　　　　　　　　　　　　　　（　　）

4. 存储过程一旦创建后，每次调用时都需要重新编译。　　　　　　　　　　　（　　）

四、编程题

1. 数据库 schoolsys 中有一张名为 tb_student 的表，包含以下字段：stu_id（学生 ID，整型，主键）、stu_name（学生姓名，字符串型）、stu_age（学生年龄，整型）。通过编写 SQL 语句，创建一个存储过程 get_all_students，查询所有学生的姓名和年龄。

2. 数据库 schoolsys 中有一张表 tb_grade，包含以下字段：gra_id（成绩 ID，整型，主键）、stu_id（学生 ID，整型，外键）、gra_score（学生成绩，整型）。通过编写 SQL 语句，创建存储过程 get_student_grades，用于接收 stu_id（学生 ID）作为参数，查询该学生的成绩。

五、简答题

1. 简述在创建存储过程时需要使用“DELIMITER //”语句的原因。

2. 简述存储过程中的参数 IN、OUT、INOUT 的区别。

任务 2 创建存储函数

一、填空题

1. 存储函数的________必须包含一个 RETURNS 语句。
2. 当在存储函数中为变量赋值时，可以使用______________语句。
3. 存储函数的返回结果是通过________语句来实现的。
4. 在存储函数的 BEGIN...END 语句中可以使用__________声明变量。

二、选择题

1. 在 MySQL 中，存储函数的返回值类型是通过关键字（　　）来指定的。

A. SELECT　　B. RETURN

C. RETURNS　　D. DELIMITER

2. 在 MySQL 中，存储函数的参数默认为（　　）模式。

A. IN　　B. OUT

C. INOUT　　D. OUTIN

3. 调用存储函数的关键字为（　　）。

A. SHOW　　B. SELECT

C. CALL　　D. DECLARE

4. 创建 MySQL 存储函数使用的 SQL 语句是（　　）。

A. CREATE PROCEDURE;　　B. CREATE FUNCTION;

C. DECLARE FUNCTION;　　D. SELECT FUNCTION;

5. 存储函数和存储过程的主要区别是（　　）。

A. 存储过程有返回值，而存储函数没有返回值

B. 存储函数必须有返回值，而存储过程不需要返回值

C. 存储过程是用户定义的，而存储函数是系统定义的

D. 存储函数不支持参数

三、判断题

1. 存储函数旨在扩展和补充 MySQL 内置函数。（　　）

2. 存储函数的调用方法和 MySQL 内置函数的调用方法不一样。（　　）

3. 在 MySQL 中，函数可以被标记为“DETERMINISTIC”或“NOT DETERMINISTIC”。（　　）

4. 如果 MySQL 函数是 DETERMINISTIC 的，表示它在相同的输入下总会返回相同的结果。（　　）

四、编程题

1. 在数据库 schoolsys 中有一张名为 tb_grade 的表，包含字段 student_id（学生 ID）、course_id（学生课程 ID）、grade（学生成绩）。通过编写 SQL 语句，创建一个名为 avg_grade 的存储函数，输入 student_id，返回该学生的平均成绩。

2. 在数据库 schoolsys 中有一张名为 tb_grade 的表，包含字段 student_id（学生 ID）和 student_grade（学生成绩）。通过编写 SQL 语句，创建一个名为 is_passed 的存储函数，输入 student_id，如果该学生成绩大于或等于 60 分，则返回“及格”；否则，返回“不及格”。

任务 3 使用变量及流程控制语句

一、填空题

1. MySQL 中的表达式由操作数和运算符构成，______是操作数的重要表示方式。
2. 变量可以分为系统变量、__________和__________。
3. 在三个变量中，__________不需要显式声明，可以直接赋值并使用。
4. 在 MySQL 的流程控制语句中，属于条件判断语句的是______、______。

二、选择题

1. 在 MySQL 中，为变量赋值使用（　　）。

A. INTO　　B. DECLARE　　C. SET　　D. UPDATE

2. 在存储过程中，创建一个循环使用（　　）。

A. IF　　B. CASE　　C. SELECT　　D. WHILE

3. 用于条件判断，并且可以通过多个条件判断执行不同的分支的是（　　）。

A. WHILE　　B. LOOP　　C. IF　　D. LEAVE

4. 可以在循环中跳出当前循环并重新开始下一次循环的是（　　）。

A. ITERATE　　B. CASE　　C. LEAVE　　D. REPEAT

5. 在 MySQL 中，在存储过程中退出循环使用（　　）。

A. EXIT　　B. RETURN　　C. LEAVE　　D. BREAK

三、判断题

1. 局部变量只能在存储函数或存储过程内部使用。（　　）

2. 在 MySQL 中，LOOP、REPEAT、WHILE 语句都为循环语句。（　　）

3. LOOP 语句是一种带条件的循环控制语句。（　　）

4. 在 MySQL 中，SET 语句只能为单个变量赋值，不能同时为多个变量赋值。（　　）

四、编程题

1. 编写 SQL 语句，在数据库 schoolsys 中创建一个名为 s_n 的存储过程，使用关键字 IN 输入数据类型为 INT 的参数 n，声明两个变量 sum 和 num，分别用于存储累加和及循环计数。将 sum 初始化为 0，将 num 初始化为 1。使用 WHILE 循环计算 1 到 n 的累加和，并返回结果。

2. 在数据库 schoolsys 中有一张表 tb_student，包含 student_id（学生 ID）、student_name（学生姓名）和 class_id（班级 ID）。有一张表 tb_class，包含 class_id（班级 ID）和 class_name（班

级名称）。编写 SQL 语句，创建一个名为 get_student_info 的存储过程，输入 student_id，返回该学生的姓名和所在班级的名称。

任务 4 修改和删除存储过程与存储函数

一、填空题

1. 存储过程和存储函数的特性“CONTAINS SQL”表示子程序包含 SQL 语句，但不包含______或______数据的能力。

2. 可以通过查询________________________________表来查看 MySQL 中存储过程和存储函数的定义信息。

3. “SQL SECURITY DEFINER”特性表示只有________能执行存储过程。

4. 存储过程和存储函数的特性“READS SQL DATA”表示子程序中包含______数据的能力。

二、选择题

1. 存储程序的特性“MODIFIES SQL DATA”表示（　　）。

A. 子程序不包含 SQL 语句

B. 子程序包含读数据的能力

C. 子程序包含写数据的能力

D. 子程序不包含读或写数据的能力

2. 用于查看存储过程的状态的 SQL 语句是（　　）。

A. SHOW CREATE FUNCTION;
B. SHOW PROCEDURE STATUS;
C. ALTER PROCEDURE;
D. DROP PROCEDURE;

3. 删除存储过程使用（　　）。

A. DELETE PROCEDURE;
B. REMOVE PROCEDURE;
C. DROP PROCEDURE;
D. ERASE PROCEDURE;

4. 在 MySQL 中，查看存储过程和存储函数的定义使用的 SQL 语句是（　　）。

A. SELECT * FROM routines;
B. SHOW CREATE PROCEDURE;
C. CREATE PROCEDURE;
D. ALTER PROCEDURE;

5. 修改存储过程的特性使用的 SQL 语句是（　　）。

A. ALTER PROCEDURE;
B. DROP PROCEDURE;
C. SHOW PROCEDURE;
D. CREATE PROCEDURE;

三、判断题

1. “NOSQL”特性表示存储过程或函数不包含 SQL 语句。（　　）

2. 在 MySQL 中，存储过程的修改与删除可以使用相同的 SQL 语句。（　　）

3. 在 Navicat 中执行 SQL 语句后，若在“信息”选项卡中显示“OK”，表示语句执行成功。（　　）

4. 在删除存储过程时，必须确保存储过程不再被调用，否则删除会失败。（　　）

5. “COMMENT 'string'”特性表示注释信息。（　　）

6. 可以通过同样的方式查看 MySQL 中的存储过程和存储函数的定义及状态。（　　）

四、编程题

1. 在数据库 schoolsys 中有一个名为 everyone_grade 的存储过程。通过编写 SQL 语句，将该存储过程的特性修改为允许写数据，即 MODIFIES SQL DATA 。

2. 编写 SQL 语句，从表 information_schema.routines 中获取名为 process_order 的存储过程的详细信息（包括所有字段）。

项目八　触发器的应用

任务 1　创建触发器

一、填空题

1. 触发器用于保护数据的完整性，例如，保证存储在________中的所有________保持正确的状态。

2. 当使用触发器时，可以基于______或________________限制用户的操作。

3. 触发器出错会影响__________的正常运行。

4. 触发器能引用列或____________。

二、选择题

1. 触发器自动执行的情况是（　　）。

A. 当数据库系统执行某个存储过程时

B. 当数据库系统执行某个函数时

C. 当数据库系统执行特定的 INSERT、UPDATE 或 DELETE 语句时

D. 当用户手动调用触发器时

2. 下列选项中，不是触发器的作用的是（　　）。

A. 实现复杂的数据完整性　　B. 实现复杂的级联操作

C. 限制用户的所有操作　　D. 审计用户操作数据库的行为

3. 触发器通过（　　）指定触发时机。

A. SELECT 和 FROM　　B. BEFORE 和 AFTER

C. BEGIN 和 END　　D. INSERT 和 DELETE

4. 在创建有多个执行语句的触发器时，将其包裹需使用（　　）。

A. IF...ELSE　　B. WHILE...DO

C. BEGIN...END　　D. CASE...WHEN

5. 在触发器的语法中，用于匹配目标数据表的是（　　）。

A. ON　　B. FROM　　C. INTO　　D. WITH

三、判断题

1. 使用触发器比不使用触发器消耗的服务器资源更少。（　）

2. 即使是进行频繁的添加、删除和修改操作，触发器的创建和应用也不会影响数据库性能。（　）

3. 表结构的变更可能导致触发器失效。（　）

4. 一旦触发器被创建，就不能再被修改或删除。（　）

四、编程题

1. 有一张名为 tb_department 的数据表，包含字段 dpm_id（部门 ID，整型，主键）、dpm_name（部门名称，字符串型）、dpm_phone（部门电话，字符串型）。通过编写 SQL 语句，创建名为 before_noupdate 的触发器，确保计算机系的电话信息不被修改。

2. 在表 tb_student 中包含字段 student_id（学生 ID，整型，主键）、student_name（学生姓名，字符串型）、student_age（学生年龄，整型）。通过编写 SQL 语句，创建一个名为 after_insert_student 的触发器，记录每次表 tb_student 插入新数据的操作到表 tb_student_logs 中，该表 tb_student_logs 包含字段 log_id（日志 ID，整型，主键）、log_date（日期，日期型）、log_action（操作描述，字符串型）。

任务 2 删除触发器

一、填空题

1. 在触发器数量较少的情况下使用________________语句查询触发器。

2. DROP TRIGGER 后面可以加上___________关键字。

3. 通过____________________可以查看 MySQL 中数据库的元数据。

4. 使用可视化管理工具 Navicat 查看触发器信息时，可以通过在查询页面中使用________语句在表 triggers 中查找触发器。

二、选择题

1. 触发器的作用是（　　）。

A. 防止数据库更新　　B. 自动在某些事件发生时执行指定的操作

C. 增加数据库表的容量　　D. 备份数据库

2. 查看当前数据库中所有触发器的 SQL 语句是（　　）。

A. SELECT * FROM triggers;

B. SHOW ALL TRIGGERS;

C. SHOW TRIGGERS;

D. SELECT * FROM information_schema.triggers;

3. 在 MySQL 中，有一张存放着触发器信息的数据表，该数据表为（　　）。

A. tables　　B. triggers　　C. events　　D. routines

4. 删除触发器时，如果不确定触发器是否存在，应使用（　　）。

A. DELETE TRIGGER;　　B. REMOVE TRIGGER IF EXISTS;

C. DROP TRIGGER;　　D. DROP TRIGGER IF EXISTS;

5. 查看触发器 before_noupdate 的定义，应使用（　　）。

A. SHOW CREATE TRIGGER before_noupdate;

B. SELECT * FROM triggers WHERE trigger_name='before_noupdate';

C. SHOW TRIGGERS WHERE trigger_name='before_noupdate';

D. DESCRIBE before_noupdate;

三、判断题

1. 使用 SQL 语句“SHOW TRIGGERS;”可以查询指定的触发器。（ ）

2. 在系统数据库 information_schema 的表 tridggers 中可以查找触发器。（ ）

3. 使用 SELECT 语句查询系统数据库 information_schema 的表 tridggers，可以使用关键字 WHERE 进行筛选。（ ）

4. 使用 SQL 语句“SHOW TRIGGERS;”无法查看触发器的创建时间。（ ）

四、编程题

1. 编写 SQL 语句，在数据库 information_schema 的表 triggers 中查找数据库 schoolsys 中所有触发器的信息。数据表描述如下：数据表 triggers 包含字段 TRIGGER_SCHEMA（数据库名称）、TRIGGER_NAME（触发器名称）、EVENT_OBJECT_TABLE（触发器触发的表）。

2. 编写 SQL 语句，在表 tb_student 上创建一个触发器 after_insert_student，在插入数据后自动更新学生数量。数据表描述如下：表 tb_student 包含字段 student_id、student_name 和 department_id。触发器将在插入数据后自动更新 department_id 对应部门的学生数量。

项目九 数据库安全

任务 1 管理用户

一、填空题

1. 在 MySQL 中，创建用户使用的语句是________________。

2. 自主存取控制允许用户对不同的数据对象拥有不同的________权限。

3. 通过________ SQL 语句可以授予用户存取权限。

4. 要删除 MySQL 用户，推荐使用的 SQL 语句是________________。

5. 数据库安全性与计算机系统的安全性密切相关，其中包括计算机硬件、________和网络的安全性。

二、选择题

1. 数据库的不安全因素不包括（　　）。

A. 非授权用户对数据库操作　　B. 用户身份鉴别失败

C. 数据库敏感数据泄露　　D. 安全环境脆弱

2. 静态口令的特点是（　　）。

A. 每次登录时动态变化　　B. 使用生物特征进行认证

C. 每次登录时相同　　D. 每次登录时由系统生成

3. 允许用户对同一对象具有不同权限的存取控制方法是（　　）存取控制。

A. 自主　　B. 强制　　C. 静态　　D. 动态

4. SQL 语句“RENAME USER;”的作用是（　　）。

A. 删除用户　　B. 修改用户名　　C. 修改用户密码　　D. 创建用户

5. 不属于存取控制的对象的是（　　）。

A. 基本表　　B. 数据库模式　　C. 索引　　D. 用户会话

三、判断题

1. 静态口令是每次登录时动态生成的，因此，其具有更高的安全性。 （　　）
2. 在 MySQL 中，如果未设置密码，用户仍然可以安全登录。 （　　）
3. 执行 SQL 语句“DROP USER;”不仅会删除用户，还会删除该用户的权限。 （　　）
4. 在 MySQL 中，如果账户已经存在，执行 SQL 语句“CREATE USER;”将返回错误。 （　　）

四、编程题

1. 编写 SQL 语句，在 MySQL 中创建一个名为“stu1”的新用户，密码为“123456”，并确保该用户只能从本地主机登录。

2. 编写 SQL 语句，为用户 stu1 授予对数据库 school_db 中所有表的 SELECT 权限。

五、简答题

1. 简述在 MySQL 中验证一个用户的创建或修改操作是否成功的方法。

2. 简述数据库中的存取控制机制以及实现这些机制的方法。

任务 2　管理权限

一、填空题

1. 在 MySQL 中，用户默认拥有的权限是________，即登录权限。

2. 使用________语句可以为用户授予权限，如 SELECT、INSERT、UPDATE 等。

3. 在创建用户时，为了提高安全性，建议限制用户的__________，如限制为指定 IP 或内网 IP 段。

4. 为用户授予权限时，如果想让用户能为其他用户授权，应加上____________________选项。

5. MySQL 权限控制的一个重要原则是为每个用户设置满足____________要求的密码，以提高系统安全性。

二、选择题

1. 在 MySQL 中，收回用户的权限的 SQL 语句是（　　）。

A. GRANT;　　B. REVOKE;

C. SHOW GRANTS;　　D. DROP USER;

2. 在 MySQL 中，表示用户对所有数据库和所有表的权限的符号是（　　）。

A. *.*　　B. .　　C. *.table　　D. db.

3. 在 MySQL 中，查看指定用户的权限使用的 SQL 语句是（　　）。

A. SHOW PRIVILEGES;　　B. GRANT PRIVILEGES;

C. VIEW PRIVILEGES;　　D. SHOW GRANTS;

4. 收回权限后删除用户的 SQL 语句是（　　）。

A. DELETE USER;　　B. REMOVE USER;

C. DROP USER;　　　　　　　　　　　D. CLEAR USER;

5. 收回用户对所有数据库和表的权限的 SQL 语句是（　　）。

A. REVOKE ALL ON *.* FROM 'username';

B. REVOKE SELECT ON *.* FROM 'username';

C. REVOKE INSERT ON *.* FROM 'username';

D. REVOKE USAGE ON *.* FROM 'username';

三、判断题

1. REVOKE 语句可以撤销用户的特定权限，而不会删除用户账户本身。（　　）

2. 定期清理不需要的用户并收回权限是确保数据库安全的重要措施之一。（　　）

3. 用户在执行 GRANT 语句后，必须使用 SHOW GRANTS 语句手动查看并确认权限授予成功。（　　）

4. 为了保证数据库安全，建议为每个用户授予所有权限，以防止操作权限不足。（　　）

四、编程题

1. 编写 SQL 语句，收回用户 stu1 对数据库 school_db 中所有表的操作权限。

2. 编写 SQL 语句，删除数据库中的用户 stu1。

任务 3 管理角色

一、填空题

1. 创建一个角色后，在默认情况下，该角色的权限为________，需要通过授权语句为其分配具体权限。

2. 通过执行 SQL 语句______________可以查看某个角色的当前权限。
3. 在 MySQL 中，角色和用户的权限信息存储在系统数据库________中的表 user 里。
4. 通过执行 SQL 语句____________________________可以查看所有分配给用户的角色。

二、选择题

1. MySQL 中引入角色管理的目的是（　　）。

A. 加快数据库的查询速度　　B. 简化用户权限管理

C. 实现数据库的自动备份　　D. 允许用户创建数据库表

2. MySQL 中创建角色的 SQL 语句是（　　）。

A. CREATE USER;　　B. CREATE TABLE;

C. CREATE ROLE;　　D. CREATE DATABASE;

3. 授予角色对特定表的权限的 SQL 语句是（　　）。

A. GRANT SELECT ON table TO role;　　B. ASSIGN PRIVILEGES TO role;

C. SET ROLE PRIVILEGES;　　D. CREATE ROLE GRANT;

4. 收回一个角色对表的权限使用的 SQL 语句是（　　）。

A. DROP ROLE role;　　B. REVOKE SELECT ON table FROM role;

C. DELETE PRIVILEGE FROM role;　　D. REMOVE ACCESS FROM role;

5. 为用户授予角色后，使该角色生效应（　　）。

A. 创建一个新的数据库

B. 重启 MySQL 服务

C. 使用 SQL 语句“SET DEFAULT ROLE;”激活角色

D. 使用 SQL 语句“ALTER USER;”修改用户

三、判断题

1. 为角色授予权限后，所有拥有该角色的用户都会自动获得这些权限。（　　）
2. 在 MySQL 中删除一个角色时，不需要先收回该角色的权限。（　　）
3. 在 MySQL 中，一个用户可以同时拥有多个角色，但只能激活其中一个角色。（　　）
4. 为了永久激活一个角色，需要将系统变量 activate_all_roles_on_login 设置为 OFF。（　　）

四、编程题

1. 编写 SQL 语句，创建一个名为“班主任”的角色，并授予该角色对数据库 schoolsys 中表 tb_student 的 SELECT 权限。

2. 编写 SQL 语句，将“班主任”的角色授予用户 teacher_li，并激活该角色。

项目十　数据库备份与恢复

任务 1　使用 mysqldump 工具对数据库进行备份

一、填空题

1. 使用 mysqldump 命令进行备份时，选项 -u 的作用是指定连接 MySQL 服务器的__________。

2. mysqldump 是一种________备份工具，通过生成 SQL 语句来恢复数据库。

3. ________是在数据库处于运行状态时进行的，依赖于日志文件。

4. 要备份数据库 schoolsys 中的表 tb_class，可以使用 mysqldump 命令并通过________选项备份指定表。

二、选择题

1. 在关闭数据库时进行的离线备份操作是（　　）备份。

A. 热　　B. 冷　　C. 增量　　D. 差异

2. 在 mysqldump 工具常用选项中，用于备份指定的数据库的是（　　）。

A. --all-databases　　B. --databases

C. --tables　　D. --add-drop-table

3. 每次对整个数据库进行完整备份的是（　　）备份。

A. 差异　　B. 增量　　C. 完全　　D. 物理

4. 在 mysqldump 命令中，用于指定服务器的 IP 地址的是（　　）。

A. -u　　B. -p　　C. -h　　D. -B

5. 只备份上次完全备份之后被修改过的数据的是（　　）备份。

A. 完全　　B. 增量　　C. 差异　　D. 逻辑

三、判断题

1. 在 mysqldump 命令中，使用 -B 选项可以指定 MySQL 用户的密码。（　　）

2. 备份文件中包含的 SQL 语句主要是 CREATE 和 INSERT 语句，用于重新创建表并插入数据。 (　　)

3. 在执行 mysqldump 备份命令时，备份文件的存储路径必须提前存在，否则会提示路径错误。 (　　)

4. mysqldump 工具可以用于备份整个数据库，也可以备份数据库中的单独表。 (　　)

四、编程题

1. 编写 SQL 语句备份数据库 school_db，并将警告和错误信息附加到文件 error_log.txt 中，保存为文件 backup_with_log.sql。

2. 编写 SQL 语句备份数据库 school_db，并将服务器的最大数据包长度 max_allowed_packet 设置为 64 MB，保存为文件 backup_with_packet.sql。

任务 2 使用 MySQL 命令进行数据恢复

一、填空题

1. 在 Windows 操作系统中，可以通过按组合快捷键________打开“运行”对话框，输入“cmd”打开命令提示符窗口。

2. 在 MySQL 恢复语句中，使用的备份文件通常包含________和________两种类型的 SQL 语句。

3. 通过 Navicat 查看恢复的数据时，左侧列表中应显示恢复的________（对象类型），右侧窗口中显示相应的________（对象类型）。

4. 恢复数据库后，重新进入 MySQL 数据库时，可以使用________________命令查看指定数据库中的所有数据表。

二、选择题

1. 当备份文件是单独的数据表时，恢复操作的命令执行在（　　）中。

A. 目标数据库　　B. 任意数据库　　C. 临时数据库　　D. 系统表

2. 如果需要备份所有数据库，应使用（　　）。

A. --single-database　　B. --all-databases

C. --databases=schoolsys　　D. --complete-database

3. 在执行数据库恢复命令的过程中，需输入 MySQL 用户密码，该输入操作通常发生在（　　）。

A. 运行 Navicat 时　　B. 打开命令提示符时

C. 执行恢复命令时　　D. 恢复完成后

4. 在进行数据库全量备份时，生成的脚本文件后缀为（　　）。

A. .txt　　B. .csv　　C. .sql　　D. .json

5. 从全量备份文件中恢复特定数据库时，（　　）。

A. 直接恢复所有数据库

B. 在备份脚本中选择性恢复

C. 使用特定的 MySQL 命令指定数据库

D. 使用 Navicat 自行选择恢复

三、判断题

1. 恢复 MySQL 数据库时，备份文件中的数据库名称必须与目标数据库名称一致。（　　）

2. MySQL 命令行工具支持从备份文件中恢复指定数据库的数据。（　　）

3. 执行数据库恢复操作时，命令提示符中的执行结果提示符不会显示任何消息。（　　）

4. 在 MySQL 中，备份和恢复可以针对单个数据库或多个数据库执行。（　　）

四、编程题

1. 使用 SQL 语句将表 students 的数据从备份文件 students_backup.sql 中恢复到一个新数据库 backup_schoolsys 中，并检查表是否恢复成功。

2. 通过编写 SQL 语句，将数据库 schoolsys 的表 departments 导出到文件 departments_backup.sql 中。

任务 3 使用可视化方式对数据库进行备份和恢复

一、填空题

1. 如果希望在备份时同时包含数据库中的触发器，需要选择的选项是________。

2. 在 MySQL Workbench 中恢复数据库时，选中“Dump Structure and Data”选项表示将导入数据库的________。

3. 在 Navicat 中备份数据库时，可以通过在数据库名称上单击鼠标右键，在弹出的快捷菜单中选择________选项来生成 SQL 文件。

4. 使用 MySQL Workbench 恢复数据库时，可以通过单击“________”按钮来启动导入操作。

二、选择题

1. 在 MySQL Workbench 中备份数据库时，可以选择（　　）单选框，将数据库导出为一个自包含的文件。

A. Data Import　　B. Export to Self-Contained File

C. Import from Dump Project Folder　　D. Dump Triggers

2. 在 MySQL Workbench 中进行数据导出时，选择“Dump Events”选项的作用是（　　）。

A. 同时备份存储过程和函数　　B. 同时备份事件

C. 同时备份触发器　　D. 将数据库导出为文件夹形式

3. 用于从转储项目文件夹导入数据库的选项是（　　）。

A. “Import from Self-Contained File”

B. “Import from Dump Project Folder”

C. “Dump Stored Procedures and Functions”

D. “Dump Triggers”

4. 在 Navicat 中完成恢复操作后，判断恢复成功的方法是（　　）。

A. 恢复过程中没有错误提示　　B. 刷新数据库后有数据表

C. 提示“导入成功”信息　　D. 进度条显示 100%

5. 用于在 MySQL Workbench 中将数据库备份为文件夹的是（　　）。

A. Export to Dump Project Folder　　B. Import from Self-Contained File

C. Dump Structure and Data　　D. Dump Events

三、判断题

1. 在 MySQL Workbench 中，备份数据库时可以选择是否包含存储过程、函数、事件和触发器。（　　）

2. 在 MySQL Workbench 中，选择“Import from Self-Contained File”选项可以从一个文件中恢复整个数据库。（　　）

3. 在 MySQL Workbench 中，恢复数据库时可以选择只导入数据，不导入数据库结构。（　　）

4. 单击 MySQL Workbench 的“Data Export”按钮，允许用户在导出数据时选择备份的路径和文件名。（　　）

四、简答题

1. 简述备份数据库时选择“Dump Stored Procedures and Functions”复选框的作用。

2. 简述在 MySQL Workbench 中将备份数据库恢复到指定的架构（Schema）的方法。

项目十一　政务平台数据库设计

任务 1　设计政务平台数据库 E–R 图

一、填空题

1. 在政务平台 E–R 图中，实体的属性通常用________来表示。

2. 在政务平台数据库中，部门与公共服务关系中所属__________可以作为部门的外键。

3. 使用绘图工具如______________、__________等来绘制 E–R 图。

4. 政务平台的需求分析是为了明确系统所需________、________和其他特性，以满足政府机构、公共服务和公众的需求。

二、选择题

1. 在政务平台数据库设计中，E–R 图的主要作用是展示（　　）。

A. 代码逻辑　　B. 数据表的实体、关系和属性

C. 平台的用户界面　　D. 数据传输过程

2. E–R 图中的关系用（　　）表示。

A. 矩形　　B. 椭圆　　C. 菱形　　D. 箭头

3. 在政务平台数据库中，用户和服务之间的关系类型为（　　）。

A. 一对一　　B. 一对多　　C. 多对多　　D. 多对一

4. 政务平台数据库中的部门与公共服务的关系是（　　）。

A. 一个部门提供多种公共服务　　B. 一个部门只能提供一种公共服务

C. 每种公共服务只提供给特定部门　　D. 部门不涉及公共服务

三、判断题

1. 在政务平台数据库中，用户表与服务请求表的外键关联字段是服务 ID。（　　）

2. 在政务平台数据库的需求分析中，服务请求的处理是一个重要功能，允许公众提交和跟踪请求状态。（　　）

3. 在政务平台数据库 E–R 图中，实体用矩形表示。 (　　)
4. 政务平台需要管理不同部门提供的公共服务，包括服务名称、描述、联系人等。 (　　)

四、简答题

1. 简述政务平台数据库 E–R 图中关系的具体内容。

2. 简述 E–R 图重要性的体现方式。

任务 2　创建政务平台数据库

一、填空题

1. 政务平台数据库根据关系模式会新建部门表、公共服务表、用户表和____________。
2. 多对多关系通常通过创建一张____________表来实现。
3. 在逻辑结构设计中，每个关系模式内需要有________。
4. 在政务平台数据库设计中，通过外键来实现实体之间的____________。

二、选择题

1. 在创建表 departments 时，主键是（　　）。

A. department_name　　B. department_id

C. contact_email　　D. department_head

2. 用于设计和管理政务平台数据库的可视化管理工具是（　　）。

A. Visual Studio　　B. Eclipse　　C. Navicat　　D. IntelliJ IDEA

3. 在表 public_services 中，外键是（　　）。

A. service_id　　B. service_name

C. department_id　　D. description

4. 在表 departments 中，用于存储部门名称的数据类型是（　　）。

A. INT　　B. VARCHAR(100)

C. DATE　　D. TEXT

三、判断题

1. 在表 departments 中，字段 department_id 的数据类型是 VARCHAR。（　　）

2. 表 users 中的密码字段（password）是唯一的，用于确保用户密码的唯一性。（　　）

3. 逻辑结构设计可以将 E-R 模型转换为关系模式。（　　）

4. 在政务平台数据库的逻辑结构中，每个实体的主键必须唯一。（　　）

四、简答题

1. 简述政务平台数据库逻辑结构设计的主要内容。

2. 简述政务平台数据库设计的主要目标。

综合试卷（一）

一、填空题（每空 1 分，共 20 分）

1. 在 MySQL 中，用于创建名为 school 的数据库的命令是________ __________ ________。

2. 用于对查询结果进行分组的子句是________ ________。

3. 索引在数据库中的主要作用是__________________。

4. 用于删除一个名为 student 的存储过程的 SQL 语句是________ ____________ ________。

5. 在政务平台数据库的 E-R 图中，实体用________表示，属性用________表示，关系用________表示。

6. 触发器用于监视表上的________操作。

7. 用于分页显示查询结果的子句是________ ________ ________。

8. 视图在______上不是真实存在的，是一张________。

9. 触发器可以监视表上的多个事件，并在这些事件发生时执行相应的动作，从而确保数据库的________。

10. 用于删除重复的行，只显示唯一值的关键字是____________。

二、选择题（每题 2 分，共 20 分）

1. 在 MySQL 中，用于显示当前数据库中的所有表的 SQL 语句是（　　）。

A. SHOW TABLES;　　B. DISPLAY TABLES;

C. SELECT TABLES;　　D. SHOW TABLE;

2. 主键的作用是（　　）。

A. 限制表中某一列的取值范围　　B. 确保表中每一行都有唯一的标识

C. 连接两张表的字段　　D. 并非用于建立表之间的关联关系

3. 在 MySQL 中，删除数据库的 SQL 语句是（　　）。

A. REMOVE DATABASE database_name;

B. DELETE DATABASE database_name;

C. DROP DATABASE database_name;

D. DROP DATABASE;

4. 在 MySQL 中，视图的主要作用是（　　）。

A. 存储数据表的备份信息　　B. 提高查询性能

C. 限制用户对数据表的访问　　D. 不用于存储实际数据

5. 在 MySQL 中，用于过滤查询结果的子句是（　　）。

A. LIMIT　　B. ORDER BY　　C. WHERE　　D. IF

6. 下列关于组合索引的描述中，正确的是（　　）。

A. 组合索引能显著提高查询效率　　B. 组合索引只作用于第一个字段

C. 组合索引遵循“最左前缀”原则　　D. 组合索引的字段数量不受限制

7. 函数与存储过程的主要区别是（　　）。

A. 存储过程可以返回值，而函数不能返回值

B. 函数可以修改数据库中的数据，而存储过程不能修改数据库中的数据

C. 存储过程可以被调用，而函数不能被调用

D. 函数通常用于计算，而存储过程用于执行一系列操作

8. 触发器中的关键字 BEFORE 和 AFTER 表示的是（　　）。

A. 触发器的执行顺序　　B. 触发器的触发时机

C. 触发器的事件类型　　D. 触发器的标识

9. 在 MySQL 中，创建一个新用户的 SQL 语句是（　　）。

A. CREATE USER 'new_user'@'localhost' IDENTIFIED BY 'password';

B. ADD USER 'new_user'@'localhost' WITH PASSWORD 'password';

C. MAKE USER 'new_user'@'localhost' AUTHENTICATED BY 'password';

D. DROP USER 'new_user'@'localhost' IDENTIFIED BY 'password';

10. 在 MySQL 中，用于恢复逻辑备份文件的工具是（　　）。

A. mysqlimport　　B. mysqldump　　C. mysqlbackup　　D. Navicat

三、判断题（每题 1 分，共 10 分）

1. 在 MySQL 中，可以使用 SQL 语句 ALTER TABLE 修改表的结构，如添加列或修改列的数据类型。（　　）

2. 在 MySQL 中，可以使用 SQL 语句 UPDATE 更新数据表中的数据。（　　）

3. SQL 语句 ORDER BY column_name 用于按照特定列对查询结果进行升序排序。（　　）

4. 在 MySQL 中，视图是物理存储在数据库中的表。（　　）

5. 在 MySQL 中，每张数据表只能有一个索引。（　　）

6. 在 MySQL 中，存储过程和函数都可以在 SQL 语句中被调用。（　　）

7. 在 MySQL 中，触发器可以监视表上的 INSERT、UPDATE、DELETE 等事件。（　　）

8. 在 MySQL 中，触发器只能在 INSERT 操作之前被触发。（　　）

9. 在 MySQL 中，可以使用 IDENTIFIED BY SQL 语句更改数据库用户的密码。（　　）

10. SQL 语句 MYSQLDUMP 用于将数据从一个数据库复制到另一个数据库。（　　）

四、编程题（每题 10 分，共 30 分）

1. 创建一张名为 employees 的数据表，该表包含以下列：employee_id（整型，作为主键并设置为自增）、first_name（字符串型，最大长度为 50，且不可为空）、last_name（字符串型，最大长度为 50，且不可为空）、birth_date（日期型）、hire_date（日期型）、gender（枚举型，值限定为“M”或“F”，且不可为空）和 salary（浮点型，且不可为空），其中，employee_id 作为主键应设置为自动增加。

2. 编写 SQL 语句，在表 employees 和表 departments 中查询员工姓名以及他们所在的部门。

3. 设计一个触发器，使得在表 employees 中插入一条新记录时，能自动将对应部门的员工数量增加 1。

五、简答题（每题 4 分，共 20 分）

1. 简述外键的概念。

2. 简述 HAVING 子句的作用。

3. 简述 ORDER BY 子句的作用。

4. 简述存储过程的概念。

5. 简述数据库常见的备份方式。

综合试卷（二）

一、填空题（每空1分，共20分）

1. 数据库中的数据通常以________的方式组织，以____________的形式存储。

2. 数据库管理系统支持多个用户同时访问数据库，提供______________机制，防止__________和一致性问题。

3. 数据定义语言用于定义数据库的________和________，包括创建、________和删除表格、视图、索引和其他数据库对象。

4. 事务控制语言用于管理数据库的________，确保其原子性、________、________和持久性。

5. 存储过程是在大型数据库系统中一组为了完成特定功能的____________，它们被存储在__________中。

6. MySQL 中的流程控制语句有 IF 语句、________语句、LOOP 语句、________语句、________语句、________语句和 WHILE 语句等。

7. 在连接查询时，为________和____定义别名可以提高语句的____________。

8. 插入值的数据类型必须和对应字段的数据类型相________，否则将无法成功插入。

二、选择题（每题2分，共20分）

1. 数据库管理系统提供的功能不包括（　　）。

A. 数据定义　　B. 数据操纵　　C. 数据查询优化　　D. 操作系统管理

2. 在数据库中，用于确保数据一致性和完整性的机制是（　　）。

A. 建立索引　　B. 设置主键和外键

C. 查询优化　　D. 数据备份

3. 下列选项中，关于环境变量的描述错误的是（　　）。

A. 环境变量用于存储和访问系统及应用程序特定信息

B. 环境变量只能由系统管理员设置

C. Path 环境变量用于设置可执行文件搜索路径

D. 环境变量分为系统环境变量和用户环境变量

4. 对二进制数据进行按位与操作的运算符是（　　）。

A. |　　B. &　　C. ~　　D. ^

5. 用于存储较小范围的整数值的数据类型是（　　）。

A. INT　　B. BIGINT　　C. SMALLINT　　D. TINYINT

6. 可以查询课程表中的“课程描述”不为“NULL”的“课程名称”和“课程描述”的SQL 语句是（　　）。

A. SELECT cou_name, cou_describe FROM tb_course WHERE cou_describe IS NOT NULL;

B. SELECT cou_name, cou_describe FROM tb_course WHERE cou_describe IS NULL;

C. SELECT cou_name, cou_describe FROM tb_course WHERE cou_describe != NULL;

D. SELECT cou_name, cou_describe FROM tb_course WHERE cou_describe <> NULL;

7. 可以返回字符串长度的函数是（　　）。

A. LENGTH()　　B. SIZE()　　C. LEN()　　D. STRLEN()

8. 创建唯一索引的主要目的是（　　）。

A. 加快查询速度　　B. 节省存储空间　　C. 防止数据重复　　D. 增加数据冗余

9. 在已经存在的表上创建索引的 SQL 语句是（　　）。

A. ALTER TABLE 表名 DROP INDEX 索引名称；

B. ALTER TABLE 表名 ADD 索引名称(字段名称);

C. CREATE INDEX 索引名称 ON 表名(字段名称);

D. SHOW INDEX FROM 表名；

10. 从 MySQL 5.6 版开始，创建全文索引的表存储引擎一般是（　　）。

A. InnoDB　　B. MyISAM　　C. MEMORY　　D. ARCHIVE

三、判断题（每题 1 分，共 10 分）

1. MySQL 支持跨平台运行，可以在多种操作系统上使用。（　　）

2. 启动 MySQL 服务是指启动 MySQL 服务器进程，使其处于运行状态。（　　）

3. 环境变量仅对当前用户有效，无法设置为系统级别。（　　）

4. TIMESTAMP 类型用于存储非文本的原始数据。（　　）

5. SQL 是一种用于管理非关系型数据库的标准化查询语言。（　　）

6. 在 SQL 语句中，避免使用通配符“*”可以减少查询的开销。（　　）

7. ORDER BY 子句用于对查询结果进行排序，默认为降序排列。（　　）

8. 在使用 GROUP BY 子句时，SELECT 语句中的所有字段都必须包含在 GROUP BY 子句中。 (　　)

9. TRIM() 函数用于删除字符串的首尾空格。 (　　)

10. 在使用组合索引进行查询时，必须遵从“最左前缀”原则来匹配索引中的字段。 (　　)

四、编程题（每题 10 分，共 30 分）

1. 在成绩表 tb_grade 中查询成绩大于 90 的课程 ID，该表包含 cou_id（课程 ID）和 gra_score（成绩）两个字段。

2. 创建一个名为 s_count 的视图，用于查询表 students 中计算机科学专业的学生人数。该表包含 student_id（学生 ID）、name（姓名）、age（年龄）和 major（专业）等字段。

3. 在表 students 中创建一个组合索引，该索引包含 name（姓名）和 major（专业）两个字段。表 students 的字段包括 student_id（学生 ID）、name（姓名）、age（年龄）和 major（专业）。

五、简答题（每题 4 分，共 20 分）

1. 简述 SQL 的书写标准。

2. 简述内连接和外连接的区别。

述 IF 语句的语法格式。

4. 简述 OUT 参数在存储过程中的作用。

5. 简述 ITERATE 子句在存储过程中的作用。

技工院校信息类专业工学一体化教材
技工院校计算机程序设计专业教材（中／高级技能层级）

基础模块

- 网页设计与制作（HTML5+CSS3）
- 网页设计与制作（HTML5+CSS3）实训题集
- Python 程序设计基础
- Python 程序设计基础实训和习题集
- C# 程序设计基础
- C# 程序设计基础实训和习题集
- Java 程序设计基础
- Java 程序设计基础实训和习题集
- Windows 网络操作系统
- Windows 网络操作系统习题册
- Linux 网络操作系统
- Linux 网络操作系统习题册

核心模块

- UI 界面设计
- UI 界面设计实训题集
- MySQL 数据库应用
- **MySQL 数据库应用习题册**
- SQL Server 数据库应用
- SQL Server 数据库应用习题册
- Web 前端开发（JavaScript）
- Web 前端开发（JavaScript）实训题集
- Python 项目开发
- Python 项目开发实训题集
- C# 项目开发（桌面软件）
- C# 项目开发（桌面软件）实训题集
- Java 项目开发
- Java 项目开发实训题集
- 程序功能测试
- Web 后端开发（JSP）
- Web 后端开发（JSP）实训题集
- Redis 非关系型数据库应用
- 移动应用开发
- 移动应用开发实训题集
- 网站全栈开发
- 软件系统测试

选修模块

- 微信小程序设计
- 微信小程序设计实训题集
- 大数据技术应用基础
- 云计算技术应用基础
- 人工智能技术应用基础

责任编辑：盛秀芳
责任校对：洪　娟
　　　　　马　维
责任设计：娄力维

天猫旗舰店

中国人力资源和社会保障出版集团

ISBN 978-7-5167-6864-8

定价：13.00 元

中等职业学校机械类专业通用

技工院校机械类专业通用（中级技能层级）

金属材料与热处理

（少学时）（第三版）习题册

韩畅 主编

中国劳动社会保障出版社